寻找我的“影子”

·图形的定位观察·

国开童媒 编著　每晴 文　郭昕昕 图

国家开放大学出版社出版　国开童媒（北京）文化传播有限公司出品

北　京

我有一只比格犬，它的名字叫波第。它是我最好的朋友，没有“之一”。除了上学，我不管去哪儿都带着它，它就像是我的影子。

可是昨天，我把我的“影子”弄丢了！

当时我正在跟波第玩捉迷藏，一辆校车从院子门前驶过，波第想都没想就冲向那辆车，飞也似地追着它去了。等我回过神来，它已经消失得无影无踪。

可怜的波第，它一定以为我在那辆车上。

失去了“影子”，我什么也不想做，我觉得我再也不会开心了。

爸爸妈妈非常担心我，他们在附近的大街小巷、学校门口都张贴了寻狗启事，也在网上发布了寻找波第的信息。

波第
我们丢失了一只小狗，如
果见到请联系我，电话……。
我们丢失了一只小狗，如
见到请联系我，电话
启事
丢失时间
联系电话

很快我们收到很多好心的路人提供的信息，他们当中有些人非常细心地把看到波第的地方给画了出来……

我好像在这座建筑下面的广场上遇到过它。
路人丙
我在废品收购站那一带见过一只流浪狗，跟你们说的小狗有点儿像，当时它就趴在这里。
路人丁

幸福路……彩虹桥……唔，这个建筑不就是……走，咱们赶紧出发去找波第。

我飞快地蹿进爸爸的车里，心中一直默念：“祝我们好运。”

X X 服饰
波第！

我们先来到了幸福路，爸爸把车停在路边。

我一眼就看见了图片上画的地方，可是，我们绕着这儿转了好几圈，连一只小狗的影子也没见着。我不停地喊波第的名字，还学它的叫声，可是，什么回音也没有。

我希望下一站能有惊喜。

现在我们到了彩虹桥了。

“这画的是哪儿呢？”妈妈拿着图片东瞧瞧西望望。

爸爸冲着远处的桥头一指：“那儿呢。”

我特别崇拜爸爸，我常常想，他的大脑里是不是有一个卫星定位系统。不过，很快我就没心思想这些了，因为这里也没有波第的身影。

我开始担忧起来。

小贴士：小朋友，你找到路人乙画的地方了吗？翻到第8页观察对比一下吧。

小贴士：小朋友，请你跟家长说一说，路人丙画的建筑物是站在哪个位置看到的呢？你可以翻到第9页观察对比一下。
寻狗启示

我们来到这个城市最著名的一座建筑下。其实这座建筑我见过，但是如果不是爸爸提醒，光看那张图片我可认不出它。

我们在广场上分头寻找，四处问人，四处呼唤波第，直到我们都筋疲力尽、口干舌燥。

妈妈轻轻抚摸了一下我的头，我“哇”的一声大哭出来。

哇——

我想我要永远地失去波第了！

爸爸蹲下身子，扶着我的肩膀，说：“别放弃，不是还有一个地方没去吗？”

“可是，废品收购站……流浪狗……怎么可能是波第呢？”我哽咽着说。

爸爸微笑道：“那得去看了才知道。”

很快，我们来到了城郊的废品收购站。

这里又脏又乱，连地上的草都没精打采的。

“波第会在这里吗？”我的心里又疑惑又期待。

小贴士： 小朋友，你找到路人丁画的地方了吗？翻到第9页观察对比一下吧。

我轻轻地呼唤波第的名字，又学着它汪汪地叫。

忽然我听到一阵“呼哧呼哧”的急促喘气声，接着是一阵“窸窸窣窣”的声音。

我循着声音传来的方向小跑过去，然后我看见了一只脏兮兮的小狗——又陌生又熟悉。

它冲我摇尾巴，还在我脚边打滚儿。

我一时愣在那里：“好像波第，但不是波第。”

忽然它——腾空而起——

爸爸妈妈，是波第！
我的波第回来了！

Cras dapibus.

·知识导读·

故事的第6页和第7页有很多寻狗启事，我们可以引导孩子发现：在小主人公张贴的寻狗启事上，每一张都有波第的照片，这些照片有正面的，有侧面的，有趴着的，有奔跑的，这样做的目的是什么呢？那就是全面地勾勒出波第的形象，让更多人在看到寻狗启事后能提供有价值的线索。

在根据线索寻找波第的这个过程中，小主人公从图片上只能看到那个地方的“冰山一角”，并不能窥探出全貌。要观察一个物体的全貌，可以绕着这个物体转一转，因为角度不同，观察的结果可能不相同。如果是观察生活中的物体，我们还可以转动这个物体。当我们和孩子一起观察物体时，要提醒孩子抓住物体的主要特征，这样孩子的空间观念就能得以发展。

北京润丰学校小学低年级数学组长、一级教师　蒋慕香

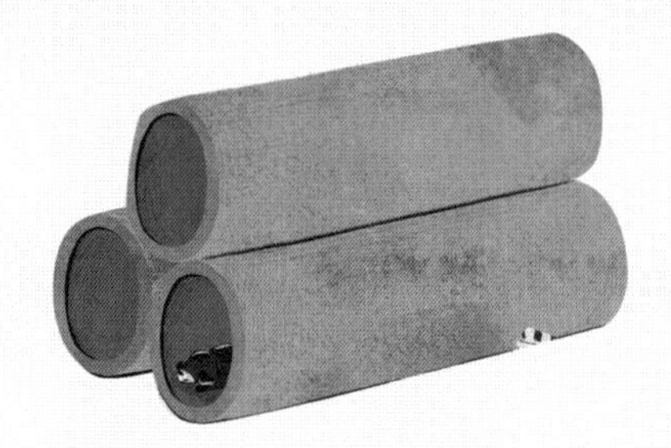

思维导图

波第不仅是小主人公的宠物，更是他的家人。但有一天，波第不见了，焦急的小主人公和他的爸爸妈妈根据好心的路人提供的线索，出去寻找波第。波第去哪儿了呢？小主人公和他的爸爸妈妈都去哪里寻找波第了呢？请看着思维导图，把寻找波第的过程讲给你的爸爸妈妈听吧！

数学真好玩

·有趣的摄影大赛·

波第除了有小主人公这个好朋友，还有很多动物朋友！今天小主人公去上学了，波第和它的动物朋友举办了摄影大赛。当然，波第是模特。请你根据动物们站的位置，判断下面右边的波第照片分别是谁拍的吧。

·积木高手·

下面四幅图分别是在哪个位置看到的？把相应的序号填在括号里。

数学真好玩

· 小小观察家 ·

观察第14～15页的画面，下面四张手绘线稿中只有一张和原图完全一致，请发挥你的观察能力找出正确的手绘线稿吧。

①

②

③

④

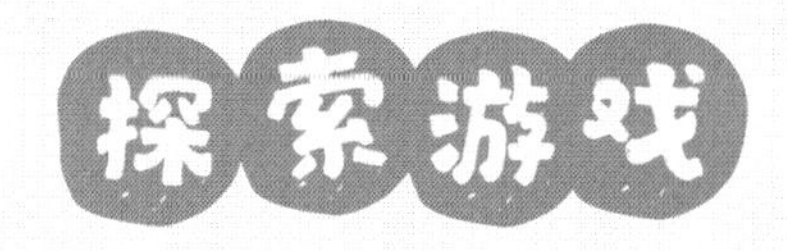

·小小建筑师·

1. 寻找心中的最美建筑

外出时，家长可以陪同孩子一起寻找一座最喜欢的建筑，并拍照记录下来。（记得要从不同角度进行拍摄哟。）

2. 准备材料

1）可以把照片洗出来，方便孩子在搭建前能够清楚地观察到建筑各个面的形状特点；

2）找到合适的材料，如积木、纸杯、塑料瓶等。

3. 开始搭建

建造“一栋建筑”可没那么简单，孩子会遇到不少问题，这时家长的指导很重要。当孩子遇到困难时，家长要帮助孩子分析问题，并一起找到解决问题的方法，最后付诸实践。

4. 成品检查

搭建好“一栋建筑”后，小小建筑师的工作还剩最后一步——成品检查！请你拿着拍好的照片，从不同角度检查建筑的形状是否跟照片相符。

当以上工作都完成后，你的建筑就可以竣工了哟！恭喜你，成为一名合格的小小建筑师！

知识点结业证书

亲爱的______________小朋友，

恭喜你顺利完成了知识点“**图形的定位观察**”的学习，你真的太棒啦！你瞧，数学并不难，还很有意思，对不对？

下面是属于你的徽章，请你为它涂上自己喜欢的颜色，之后再开启下一册的阅读吧！